CLV

Werner Gitt

Am Anfang war der Urknall?

clv
Christliche
Literatur-Verbreitung e. V.
Postfach 110135 - 33661 Bielefeld

1. Auflage 2000

CLV • Christliche Literatur–Verbreitung
Postfach 110135 • 33661 Bielefeld
Satz: CLV

ISBN 3-89397-433-4

Der Autor: Prof. Dr. *Werner Gitt,* 1937 in Raineck/Ostpr. geboren, Ingenieurstudium an der Technischen Hochschule Hannover, Promotion zum Dr.-Ing. an der Technischen Hochschule Aachen. Seit 1978 leitet er den Fachbereich Informationstechnologie bei der Physikalisch-Technischen Bundesanstalt (PTB) in Braunschweig. 1978 zum Direktor und Professor bei der PTB ernannt. Er hat sich mit wissenschaftlichen Fragestellungen aus den Bereichen Informatik, numerische Mathematik und Regelungstechnik beschäftigt und die Ergebnisse in zahlreichen Originalarbeiten publiziert. Außerdem: Mehrere Buchveröffentlichungen zu Themen aus dem Bereich Wissenschaft und Glaube.

Einführung: Entstand die Erde aufgrund eines Schöpfungsaktes Gottes oder wurde sie durch eine Mega-Explosion vor Milliarden Jahren, dem Urknall, ins Leben geschleudert? Oder war es einfach Gottes Urknall, der im leeren Universum einen Planeten voller Leben produzierte?

Wir fragten Dr. *Werner Gitt,* Direktor und Professor bei der Physikalisch-Technischen Bundesanstalt in Braunschweig.

Er meint, die Urknall-Theorie werde unter Wissenschaftlern weit weniger sicher behandelt, als das in der populären Literatur zum Ausdruck kommt. Es fehle dem Urknall-Modell an tragenden Argumenten.

Frage: Professor *Gitt*, obwohl die Urknall-Theorie populär ist, meinen Sie, dieser Weltentstehungs-Erklärung mangle es an Argumenten.

Gitt: Das ist so. Eine häufig erwähnte Stütze dieser Theorie ist die sog. »Dunkel-Materie«. Was als Stütze gedacht war, erweist sich eher als ein Gegenargument. Anhänger der Urknall-Hypothese erkennen selbst, dass die Entstehung der Galaxien nicht aus der vorhandenen Masse des Universums erklärt werden kann. Um nicht in Konflikt mit bekannten Naturgesetzen zu geraten, müsste eine imaginäre Dunkel-Materie weitaus größer sein, nämlich um das Zehnfache. Diese notwendige Masse ist aber nie beobachtet worden. Sie ist eine reine Annahme, weil sonst das Modell zusammenbricht. Auch wenn sie nie gesehen oder gemessen worden ist, gab man ihr dennoch einen Namen: die dunkle Materie. Bedauerlicherweise wird sie einfach postuliert. Keinerlei Messwerte machen diese Annahme plausibel. Die Urknall-Theorie steht somit auf wissenschaftlich sehr wackeligen Beinen.

Frage: Werfen wir einen Blick auf die Sterne. Offenbar sind es so viele, dass sie niemand zählen kann!

Gitt: In der Tat, die Sterne sind für uns nicht zählbar. Es gibt lediglich Abschätzungen im Rahmen der Stellar-Statistik: Man wählt einen repräsentativen abgrenzbaren Bereich des Himmelsgewölbes aus und untersucht diesen hinsichtlich der Sternenzahl. Danach wird eine Hochrechnung auf das gesamte Universum durchgeführt. Auf diese Weise kommt man auf die immens große Zahl von etwa zehn hoch 25 Sternen.

Die schnellsten, heute bekannten Rechner führen rund zehn Milliarden Rechenoperationen in einer Sekunde aus (die weitere Entwicklung wird zu noch schnelleren Rechnern führen). Würde man einen solchen Rechner nur zum Zählen der Sterne einsetzen, so könnte er in der ersten Sekunde 10 Milliarden Sterne zählen, in der zweiten Sekunde wäre er bei 20 Milliarden... Was meinen Sie, wie lange müsste dieser Rechner arbeiten, bis er die geschätzte Zahl der Sterne erreicht hätte? Rund 30 Millionen Jahre! Das vermittelt einen Eindruck davon, wie riesig die Zahl der Sterne ist, die der Schöpfer schuf. So lange existiert kein Rechner, und diese Zeit steht auch uns Menschen nicht zur Verfügung. So können wir festhalten: Der Mensch wird nie in der Lage sein, die Sterne zu zählen. Darum steht in Jeremia 33,22: »Wie man des Himmels Heer nicht zählen noch den Sand messen kann.«

Frage: Und wo finden sich diese Sterne im Urknall-Modell?

Gitt: Nach dem Modell des Urknalls gab es am Anfang überhaupt keine Sterne, sondern nur unvorstellbar dicht komprimierte Materie und energiereiche Strahlung. Seit dem Urknall breiten sich Gas und Strahlung gleichmäßig aus. Dass dabei Galaxien und einzelne Sterne entstehen sollen, ist physikalisch nicht einzusehen.

Frage: Aber tatsächlich breitet sich unser Universum aus. Das passt zu einem Urknall.

Gitt: Die Galaxien bewegen sich voneinander weg, und dieser Effekt ist auch messbar. Warum sollte unser Universum auch starr sein? In der Schöpfung ist alles in Bewegung. Das gilt für den atomaren Bereich, aber auch alles Lebendige ist auf Dynamik angelegt. Warum sollten die Himmelskörper davon ausgenommen sein? Denken Sie nur an unser Planetensystem. Jeder einzelne Planet hat seine ihm eigene Geschwindigkeit, mit der er sich um die Sonne bewegt – und diese ist noch nicht einmal konstant. So haben auch die Galaxien ihre eigene Drehung und ihre Bewegung im Raum. Das ist allerdings noch kein Indiz für einen Urknall. Es zeigt uns lediglich die Dynamik der gesamten Sternenwelt an.

Frage: Es gibt Theologen, die behaupten, der Urknall habe im biblischen Schöpfungsbericht Platz. Professor *Gitt*, Sie reden als Wissenschaftler: Ist diese Harmonie suchende Kombination haltbar?

Gitt: Urknall und Schöpfungsakt stehen sich diametral entgegen; sie sind so gegensätzlich, dass man sich zwischen ihnen entscheiden muss. Entweder man hält sich an die Evolution, oder man glaubt dem Schöpfungsbericht der Bibel. Beides ist aber überhaupt nicht kompatibel miteinander.

Nach der Bibel wurden die Erde, das Leben und das gesamte Universum innerhalb von sechs Tagen geschaffen. In den Geboten Gottes, in 2. Mose 20,9-10, wird dieser Tatbestand bei der Einsetzung des Sabbats wiederholt: »Sechs Tage sollst du arbeiten und alle deine Dinge beschicken; aber am siebenten

Tag ... da sollst du kein Werk tun.« Diese Ordnung, die Gott den Menschen gegeben hat, ist abgeleitet von der Ordnung, die Gott selbst eingehalten hat: »Denn in sechs Tagen hat der Herr Himmel und Erde gemacht und das Meer und alles, was darinnen ist, und ruhte am siebenten Tage.« Das ist die Offenbarung Gottes. Dem können wir nichts Gewichtigeres entgegenhalten. Dieser Text erlaubt es beim besten Willen nicht, irgendein Urknallsystem einzubauen. Die Verbindung von Gott und Urknall ist also weder wissenschaftlich noch biblisch möglich. Die Harmonisierung zwischen Evolutionslehre und biblischem Bericht führt zu keinem befriedigenden Ergebnis. Es ist ein Irrweg.

Frage: Die Gegensätze sind ja auch riesig. Zum Beispiel spricht die Bibel von einem jungen Universum. Warum rechnen Wissenschaftler mit Millionen und Milliarden Jahren?

Gitt: Mit Hilfe heutiger Messwerte läßt sich die augenblickliche Ausdehnungsgeschwindigkeit des Universums berechnen. Nimmt man diese Geschwindigkeit als konstant an und rechnet beliebig lange rückwärts, bis man an einem Punkt angekommen ist, dann ist man beim Zeitpunkt des Urknalls angelangt. Bei dieser nicht nachvollziehbaren Vorgehensweise ergeben sich die viel zitierten Milliarden von Jahren. Für mich ist das reine Willkür. Wer sagt mir denn, dass diese rückwärts gerichtete Rechnung überhaupt so weit zulässig ist?

Die Astronomen sind sich im Übrigen keineswegs darin einig, wie man rechnen soll. Vom 4. bis 8. Dezember 1995 fand in Paris ein internationaler astronomischer Fachkongress statt, um über die neuesten Messwerte zu diskutieren. Ihre Berechnungen führten sie zu sehr unterschiedlichen Altern. Die Einigkeit fehlt also sogar unter denjenigen, die von der Urknall-Theorie ausgehen. Die Zeitung »Die Zeit« berichtete am 15.12.1995 unter der Überschrift »Das große Gehubbele um den Urknall« von einer starken Kontroverse: »In knapp 100 Einzelvorträgen ließen die Astronomen die jüngsten Bilder und Entdeckungen des Hubble-Weltraumteleskops Revue passieren. Wer dabei allerdings himmlischen Frieden und kosmische Harmonie erwartete, lag falsch: Bevor sich die Forscher dem neuesten schwarzen Loch, rätselhaften Quasaren oder neugeborenen Sternen zuwandten, stürzten sie sich streitlustig in die größte Kontroverse, die die Kosmologie derzeit zu bieten hat.«

Frage: Nicht zuletzt dank der aktuellen Forschung hat die Urknall-Theorie an Glaubwürdigkeit verloren. Prof. *Werner Gitt,* Sie glauben an die Schöpfung durch Gott. In der Bibel lesen wir von einem jungen Universum. Auch wissenschaftliche Beobachtungen sprechen dafür...

Gitt: Rein astronomisch gesehen gibt es eine lange Liste von Widersprüchen, die nicht zur Urknallidee passen [7]. Hier seien nur einige erwähnt:

- Es gibt Galaxien, die älter sein müssen als das Universum sein kann.
- Es gibt physikalisch zusammengehörige Gebilde, die eine unterschiedliche Rotverschiebung aufweisen.
- Es gibt sehr unterschiedliche großräumige Strukturen, nämlich extrem große Galaxienhaufen (Supercluster) neben riesigen Leerräumen.

Nach der Urknalltheorie wäre eine Gleichverteilung zu erwarten.

Frage: Und umgekehrt passen alte Galaxien nicht zur jungen Schöpfung. Gerade wenn es um das Alter des Universums geht, gehen die Meinungen der Wissenschaftler oft weit auseinander.

Gitt: Das hängt vom Standpunkt ab. Jede Wissenschaft braucht Voraussetzungen, sog. Basissätze (näheres hierzu siehe [5]). Setzt jemand zur Erklärung der Wirklichkeit die Evolution voraus, kommt er automatisch in große Zeitbereiche. Nimmt jemand die biblischen Angaben als Basis, ergeben sich andererseits relativ kleine Zeitbereiche.

Niemand kann von sich behaupten, er gehe ohne Voraussetzung an die Arbeit. Jeder hat eine Ausgangslage, mit der er beginnt, wissenschaftlich zu arbeiten. Entsprechend werden die Fakten eingeordnet. Die Ergebnisse unterscheiden sich deshalb so stark, weil verschiedene Ausgangspunkte unser Denken bestimmen.

Frage: Wie alt schätzen Sie das Universum?

Gitt: Wenn ich von der Bibel ausgehe, dann sind es einige tausend Jahre. Am ersten Schöpfungstag wurde die Erde und das ansonsten noch leere Universum geschaffen; mit den Gestirnen wurde es an einem einzigen Tag, nämlich am vierten Schöpfungstag, »gefüllt«. Das heißt, alle Sterne sind an einem einzigen Tag geschaffen worden. Alle Gestirne sind demnach gleich alt; nur die Erde ist drei Tage älter als der Rest unseres Planetensystems und alle Galaxien des Universums.

Versucht man ihr Alter anhand biblischer Angaben zu bestimmen, ergibt sich aufgrund der angeführten Genealogien zwar kein exaktes Alter, aber wir können einen Rahmen angeben, und dieser liegt in der Größenordnung von vielleicht zehntausend Jahren, ohne sich jetzt auf eine genaue Zahl der Jahre festzulegen. Jedenfalls ergeben sich niemals Millionen von Jahren.

Frage: Könnte die Lösung nicht darin liegen, dass zwischen der Erschaffung von Himmel und Erde nach Genesis 1,1 und der Erfüllung der Erde mit Leben nach Genesis 1,2 eine lange Zeitperiode lag? Diese Gap-Theorie oder Lückentheorie kennt viele Anhänger.

Gitt: Die Gap-Theorie wurde von gläubigen Leuten aufgestellt. Sie sahen sich zu damaliger Zeit einer Übermacht von Vertretern der Evolution gegenüber und suchten nach einer Möglichkeit, die von der Evolution geforderten langen Zeiträume auch mit der Bibel rechtfertigen zu können. So meinte man eine Lösung gefunden zu haben, indem man glaubte, zwischen den beiden ersten Versen der Bibel Handelsspielraum zu finden, um beliebig verlangte Zeiten unterzubringen.

Diese sog. Gap- oder Restitutionstheorie besagt, dass es vor den eigentlichen Schöpfungstagen bereits eine fertig geschaffene und bewohnte Welt gab. Diese Erschaffung geschah zu dem Zeitpunkt, der in Vers 1 mit »Anfang« bezeichnet ist. Danach kam der Fall Satans; die damalige Welt ging zugrunde und wird mit »wüst und leer« beschrieben. Dies ist die Ausgangssituation des eigentlichen Schöpfungsberichtes, wonach dann auf der Erde das Leben noch einmal erschaffen bzw. restauriert wird. Diese Theorie erklärt die Fossilien als Folge des satanischen Falles. Wir müssen sie jedoch aus mehreren biblischen Gründen zurückweisen:

- In 2. Mose 20,11 lesen wir, dass Gott in sechs Tagen Himmel und Erde geschaffen hat; d. h. das gesamte Weltall und die Erde wurden **innerhalb** dieser angegebenen kurzen Zeitspanne erschaffen, so dass irgendeine lange Zeitepoche für eine wie auch immer geartete Theorie hier nicht untergebracht werden kann.

Die Bibelstellen Jesaja 14,12-17 und Hesekiel 28,11-17 werden als Beschreibung des Falles Luzifers gedeutet. Die Gap-Theorie geht nun von der Voraussetzung aus, dass dieser Fall Satans örtlich auf die Erde gelegt wird und zeitlich zwischen den Versen 1 und 2 von 1. Mose 1 einzuordnen ist. Die Worte Jesu aus Lukas 10,18; Johannes 12,31; Johannes 14,30 und Offenbarung 12,7-9 erlauben diese Deutung nicht.

Die Deutung der Fossilien als Reste einer voradamitischen Zeit ist biblisch nicht belegbar, hingegen wird uns die im Sintflutbericht genannte weltweite Wasserkatastrophe als Ursache für den Untergang allen Lebens bezeugt. Heutige geologische

Schichten und Fossilien finden in der Sintflut und den sich daran anschließenden Katastrophen eine nachvollziehbare Erklärung.

Frage: Warum vertrauen Sie dem Schöpfungsbericht und nicht dem Modell Urknall/Evolution?

Gitt: Weil die Urknall-Theorie wissenschaftlich weder nachvollziehbar noch tragfähig ist. Der russische Physiker *Lew Landau* sagte einmal, Kosmologen arbeiteten zwar mit wenig gesicherten Fakten, aber mit um so größerer Überzeugung, dass ihre Ideen um das Geschehen im Universum richtig sind [1, S. 29].

Sobald Fakten auftauchen, die gegen den Urknall sprechen, werden neue Annahmen aufgestellt, um die Theorie zu halten. Ich erinnere an die dunkle Materie. Es ist eine ständige Flucht vor den neuen Fakten, weil diese etwas anderes lehren. Der Astrophysiker *Reinhard Breuer* beschrieb das Verhalten der Urknallanhänger treffend, wenn er formulierte [1, S. 185]: »Es ist wie im Märchen: Aus der Asche der verbrannten Ideen wird, so die Hoffnung, das neue Standardmodell vom Urknall emporsteigen können.« Man gewinnt den Eindruck, dass alle diese Bemühungen dem verzweifelten Versuch entstammen, den Kosmos ohne das Konzept eines Planes zu verstehen, wobei aber immer neue »Pläne« entworfen werden. Warum nur hat man sich so einseitig auf dieses Urknallmodell versteift? Die Antwort kann leicht gegeben werden: Gottlose Wissenschaftler akzeptieren kein Modell, das einen Schöpfer benötigt. Man hat sich einem methodischen Atheismus verschrieben.

Keine der Naturwissenschaften ist aufgrund ihrer begrenzten Mittel in der Lage, Ursprungsfragen zu beantworten. Wir können nur messen, wägen und beobachten, Daten und Fakten sammeln und auswerten. Wir sind jedoch nicht in der Lage, zu erklären, wie eine Zelle, ein Gehirn oder ein Universum entsteht. Die Evolution ist keine brauchbare Antwort, weil sie schon Grundprinzipien unserer täglichen Erfahrung verletzt. Weder eine Stecknadel, eine Schere noch eine Uhr, ein Auto oder gar der Kölner Dom sind von alleine entstanden. Alles braucht einen Ideengeber und einen Hersteller. Nach meiner Überzeugung sind auch alle zukünftigen Ideen über Herkunftsfragen gedankliche Sackgassen, wenn sie ohne einen Schöpfer auszukommen versuchen. Nur derjenige, der das Universum, die Erde und das Leben gemacht hat, kann uns die verbindliche Antwort geben. Es ist der Schöpfer, von dem die Bibel spricht. So vertraue ich dem Schöpfungsbericht voll und ganz.

Frage: Haben denn die Resultate des Hubble-Weltraumteleskops die Urknall-Theorie nicht untermauert?

Gitt: Das Hubble-Teleskop liefert uns viel genauere Daten und bessere Fotos von den Sternsystemen als dies bisher der Fall war. So konnten insbesondere von weit entfernten Galaxien Aufnahmen mit erheblich besserer Auflösung gemacht werden. Eine neue Ära der Weltraumbeobachtung ist angebrochen, und bisher Unbekanntes wurde uns nun zugänglich. Es ist aber nicht so, dass diese Fakten die Urknall-Theorie überzeugend stützen, das Gegenteil ist zutreffend.

Frage: Wenn die Faktenlage so dürftig ist – warum gilt die Evolutionstheorie nach wie vor als die grundlegende Lehre über die Erdentstehung, warum wird sie an den Universitäten konkurrenzlos gelehrt?

Gitt: Sie wird gelehrt, weil sie sich weithin durchgesetzt hat und von vielen vertreten wird. Der Siegeszug der Evolutionslehre ist nicht naturwissenschaftlich begründbar. Vielmehr hatten starke geistige Strömungen wie z. B. die Aufklärung das Feld für eine atheistische Weltdeutung vorbereitet. Dass *Darwins* Buch von der Entstehung der Arten schon am Erscheinungstag vollständig vergriffen war, belegt den Wunsch der Menschen nach einer Erklärung der Welt ohne Gott. Da bis heute die meisten Menschen ohne Gott leben wollen, ist ihnen die Evolution eine willkommene Lehre. Gäbe es eine weltweite große Erweckung zum Glauben hin, dann wäre die Evolution im Nu wie weggepustet. Erfreulicherweise kommt in unserer Zeit vermehrt Literatur heraus, die sich aus wissenschaftlicher Sicht kritisch mit dem Urknall befasst. Nur einige Bücher möchte ich hier erwähnen: Von dem Bonner Astronomen *Hans-Jörg Fahr* [2]: »Der Urknall kommt zu Fall«. Ein anderer Titel heißt »Ratlos vor der grossen Mauer – das Scheitern der Urknall-Theorie«. Aufgrund der grossen Sternenansammlungen, die sich wie eine riesige Mauer darstellt, beschreibt der Autor *Josef Lutz* [6], dass die Urknall-Theorie eigentlich nicht funktionieren kann. Von dem Astrophysiker *Reinhard Breuer* stammt das Buch [1] »Immer Ärger mit dem Urknall – Das kosmologische Standardmodell in der Krise«. Und der Amerikaner *James Trefil* schrieb [8]: »Fünf Gründe, warum es die Welt nicht geben kann – Die Astrophysik der Dunklen Materie«. Das sind Bücher, in denen die Autoren zahlreiche Argumente gegen das Urknall-Modell vorbringen. Auch in ihren Vorlesungen vertreten sie diese Auffassung. Es ist also nicht richtig, wenn pauschal behauptet wird, dass Urknall und Evolution überall gelehrt werden.

Frage: Das heißt, dass die Urknall-Theorie weniger sicher ist als in den Lehrbüchern beschrieben?

Gitt: Die Lehrer an den Universitäten unterrichten entsprechend ihrer eigenen Auffassung. Da gibt es solche, die mit Überzeugung weiterhin die Urknall-Theorie vertreten. Zunehmend werden aber auch Einwände genannt. Forscher, die sich sehr intensiv damit beschäftigen, wie zum Beispiel der amerikanische Physiker und Nobelpreisträger *Steven Weinberg* in seinem Buch »Die ersten drei Minuten« schreibt [9, S.18]: »Ich kann nicht leugnen, dass ich einen Anflug von Unwirklichkeit empfinde, wenn ich über die ersten drei Minuten in einer Weise schreibe, als wüssten wir wirklich wovon wir sprechen.« Weiterhin gibt er zu [9, S.129]: »Damit ist nicht gesagt, dass dieses Modell richtig ist ... Es besteht allerdings eine große Ungewissheit, die wie eine dunkle Wolke über dem Standardmodell (= Urknallmodell) schwebt.« Das ist eine ehrliche Aussage. In wissenschaftlichen Originalarbeiten und an den Universitäten werden die Theorien und Hypothesen keineswegs als so gesichert hingestellt. Meines Erachtens liegt das Problem auf der darunterliegenden Stufe der Wissensvermittlung, nämlich in populärwissenschaftlichen Darstellungen und Schulbüchern, wo das wissenschaftlich Ungesicherte bereits als fundierte Erkenntnis vermittelt wird.

Frage: Zweifel am Urknall könnten zum Vertrauen in den Schöpfergott führen. Wann wird die biblische Basis einmal an der Uni gelehrt?

Gitt: Das hängt von dem einzelnen Professor ab. Beeinflusst der biblische Glaube sein Denken und Handeln, dann wird er den Schöpfungsbericht einbeziehen. Steht er mit seiner Weltanschauung weit ab von Gott, dann wird er ihn ignorieren oder negativ beurteilen. Für die Studenten ist es entscheidend, wem sie zuhören und wer sie prägt.

Frage: Urknall oder Schöpfung – gibt es noch andere prüfenswerte Weltentstehungs-Modelle?

Gitt: Die meisten heute aufgestellten Theorien sind so gestaltet, dass Gott darin nicht vorkommt. Das ist leider ein grundlegender Wesenszug der Wissenschaftstheorien geworden – sie versuchen, ohne Gott auszukommen. Das ist aus meiner Sicht ein Grundübel in der Wissenschaft. Immer dann, wenn Ursprungsfragen zur Debatte stehen, führt das unweigerlich zu elementaren Fehlern. Wenn Leben generell nur aus Leben kommen kann, dann ist jede Theorie, die nicht von diesem Basissatz ausgeht, schon im Ansatz falsch. »Leben kann nur aus Leben kommen« – wurde von dem französischen Chemiker und Mikrobiologen *Louis Pasteur* (1822-1895) erkannt und formuliert. Dieser Satz hat sich an allen Beispielen bewährt, es gibt keine

Ausnahme davon. Nie wurde dieser Satz widerlegt – somit liegt hier ein bedeutendes Naturgesetz vor. In Umgehung dieses Naturgesetzes wird in der Evolutionslehre dennoch ein Weg gesucht, das Leben ohne Gott, ohne Schöpfer, ohne Urheber zu erklären.

Frage: Was überzeugt Sie am biblischen Schöpfungsbericht, der vielfach nur als Mythos bezeichnet wird und tiefenpsychologisch gedeutet wird?

Gitt: Am Schöpfungsbericht fasziniert mich zunächst die Nüchternheit der Darstellung; dann die Präzision, mit der die Ereignisse Tag für Tag geschildert werden. Mich beeindruckt die wissenschaftlich korrekte Art des Berichts. Beim Zeitmaß ist von Tagen und Jahren die Rede. Sobald in der Physik eine Messgröße (= Zahlenwert mit Einheit) verwendet wird, muss zuvor die verwendete Einheit definiert sein. Genau das tut die Bibel auch, indem sie im Schöpfungsbericht definierend erklärt, was ein Tag und was ein Jahr ist, nämlich eine Zeiteinheit, die durch die Bewegung der Gestirne festgelegt ist. Die Länge des Tages wird durch die Umdrehung der Erde festgelegt, und die Länge des Jahres durch die Bahn der Erde um die Sonne. Diese definierten Zeiteinheiten werden in der Bibel herangezogen, um den Ablauf der Schöpfung zu beschreiben. Damit wird festgehalten, dass ein Tag nicht irgendetwas individuell Interpretierbares ist, sondern eine astronomisch präzise definierbare Größe. Diese Genauigkeit in der Darstellung zeigt mir an, dass es sich bei diesem Text keineswegs um irgendeine mythologische Rede handeln kann. Die biblische Darstellung ist sehr exakt, allerdings auch sehr kurz. Manchmal wünschte ich mir, der Schöpfungsbericht wäre zehn Kapitel lang. Dann hätten wir viel mehr Detailinformationen, über die wir noch mehr staunen könnten.

Die hohe Informationsdichte in den biblischen Berichten ist ein weiterer faszinierender Punkt. In nur wenigen Versen steht so viel drin, dass wir sie gar nicht voll ausloten können. Beim

Nachdenken über den Schöpfungsbericht finden wir immer wieder neue Aspekte und Querverbindungen zu anderen Bibeltexten und das ist etwas, was mir persönlich viel Freude macht (siehe den Exkurs auf den folgenden Seiten »Mose, Jona, Jesus und der Fisch«).

Es ist meine Erfahrung mit der Bibel, dass es viele Aspekte gibt, die wir erst durch langes, intensives Studium herausfinden. Es lohnt sich sehr, sich mit den biblischen Texten zu beschäftigen. Dabei werden auch wir feststellen: »Ich freue mich über dein Wort wie einer, der eine große Beute kriegt« (Ps 119,162).

Exkurs: Mose, Jona, Jesus und der Fisch

Im Schöpfungsbericht werden die erschaffenen Tiere sehr allgemein erwähnt (Tiere im Wasser, in der Luft und auf dem Land). Nur ein einziges Tier benennt Gott namentlich, und das ist ein riesiges Meerestier (vgl. 1. Mose 1, 21). *Luther* übersetzte den hebräischen Begriff etwas vorschnell mit »Walfisch«, aber der Wal ist bekanntlich kein Fisch. Der Genesisbericht meint einen besonderen, auffallend großen Fisch. Wenn wir nun eine Brücke zum Neuen Testament schlagen, finden wir im Matthäus-Evangelium (Kap. 12,40) eine dazu passende bemerkenswerte Aussage: »Denn gleichwie Jona drei Tage und drei Nächte in des Fisches (griech. *ketos*) Bauch war, so wird auch des Menschen Sohn drei Tage und drei Nächte im Schoß der Erde sein.« Für »Fisch« im Allgemeinen steht an den verschiedenen Stellen des griechischen

Neuen Testaments immer das Wort »ichthys«; nur einmal (Mt 12,40) kommt das Wort »ketos« vor. Das von Matthäus eingesetzte griechische Wort »kétos« meint keinen normalen Fisch, wie man ihn fängt und isst, sondern ein äußerst großes Tier, ein Ungetüm, also ein gigantisches Meerestier; darum wurde dieses Wort in deutschen Bibeln treffend mit Seeungeheuer (Jerusalemer), Meeresungetüm (Zürcher) oder Riesenfisch (Schlachter) übersetzt. Die alttestamentliche Bezugsstelle steht in Jona 2,1: »Aber der Herr verschaffte einen großen Fisch, Jona zu verschlingen. Und Jona war im Leibe des Fisches drei Tage und drei Nächte.« Beim Propheten Jona ist der Gedanke an die Auferstehung Jesu noch so tief verborgen, dass er dort nicht direkt ersichtlich ist. Erst Jesus stellt in seiner Verkündigung die Verbindung dazu her. Fragt man nach einem weiteren, noch tiefer liegenden Bezugspunkt, so finden wir ihn zweifellos schon in 1. Mose 1,21, denn es handelt sich dort um das gleiche Tier, das als einziges im Schöpfungsbericht namentlich erwähnt wird! Das ist zumindest ungewöhnlich bei der riesigen Zahl aller Tiere. Bei der Erschaffung der Tiere am fünften und sechsten Schöpfungstag werden (beispielhaft) nur einige große Tierklassen genannt, wie »allerlei Getier im Wasser, gefiederte Vögel, Vieh, Gewürm und Tiere auf Erden«.

Da es in der Bibel nichts Zufälliges gibt, sondern hinter allem ein beabsichtigter Sinn steht, kommen wir hier zu einer bemerkenswerten Feststellung: Durch die namentliche Nennung nur dieser einen einzigen Tierart im Schöpfungsbericht wird hier bereits – wenn auch sehr verborgen – schon ein erster Hinweis auf die Auferstehung Jesu gegeben.

Frage: Der Mensch ist keine Laune der Natur, sondern ein Gegenbild seines Schöpfers. Das dokumentiert der Schöpfungsbericht eindrücklich.

Gitt: Genau. In 1. Mose 1,26 lesen wir: »Lasset uns Menschen machen.« Wir sind also gezielt geplant. Ein weiterer markanter Vers, der die Herkunft des Menschen meisterhaft präzise, knapp und doch höchst informativ beschreibt, steht in 1. Mose 2,7: »Und Gott der Herr machte den Menschen aus einem Erdenkloß, und er blies ihm ein den lebendigen Odem in seine Nase. Und also ward der Mensch eine lebendige Seele.« Wer – wie ich – vom ingenieurmäßigen Denken herkommt, freut sich, in Gottes konzeptioneller Gestaltung für die Erschaffung des Menschen geläufige Vorgehensweisen anzutreffen:

- 1. Plan
- 2. Ausführung
- 3. Ergebnis.

Weil wir nach Gottes Plan und Willen gemacht sind, haben wir ein Gegenüber, einen Herrn, der uns liebt. In diesem Sinne weiß sich der Psalmist angenommen: »Was ist der Mensch, dass du seiner gedenkst, und des Menschen Kind, dass du dich seiner annimmst?« (Ps 8,5).

Frage: Nach Ihren bisherigen Darlegungen neigt der Mensch offenbar dazu, für grundlegende Fragen Lösungen zu suchen, ohne Gott einzubeziehen. Am Beispiel der Herkunft des Universums haben Sie dies ausgiebig erklärt. Gibt es aus Ihrer Sicht noch andere Bereiche, in denen das versucht wird?

Gitt: Zwei Beispiele möchte ich nennen, wo dieser Ansatz zu tragischen Folgen geführt hat bzw. noch führen wird. Zunächst möchte ich auf unrealistische Träume vom Paradies auf Erden und ein falsches Menschenbild eingehen. Danach möchte das ewige Ziel ansprechen.

Der Mensch versucht immer wieder, die ihm gesetzten Grenzen zu überwinden, so dass bisweilen merkwürdige Visionen entstehen. Mit Hochdruck arbeitet man an Methoden, um die

Lebensuhr langsamer ticken zu lassen, Haut, Muskulatur und innere Organe zu verjüngen. Derzeit noch hoffnungslose Fälle vertröstet man auf kommenden medizinischen Fortschritt. Die Zeit bis dahin muss allerdings – so glaubt man – in einem Kälteschlaf überwunden werden. Andere Träume beziehen sich auf ganze menschliche Gesellschaften.

Der englische Staatsmann Thomas More (1478-1535) beschrieb in seinem Werk »Utopia« die humanistische Sehnsucht der vollkommenen menschlichen Gemeinschaft. Nicht wenige Staatsvisionen wurden entwickelt, wie z. B. »Der Sonnenstaat« (1602) von Tommaso Campanellas, »New Atlantis« (1627) von Francis Bacon oder »Die Gemeinschaft von Ozeanien« (1656) von James Harrington. Die Utopien beeinflussten die Revolutionen in Frankreich (1789) mit dem Motto »Freiheit, Gleichheit, Brüderlichkeit« sowie 1917 in Russland. Sie mündeten ein in die gewaltigste politische Vision und das größte politische Experiment der Menschheit überhaupt: den Kommunismus. Die Sowjetbürger erlebten unter der blutigen Diktatur von Stalin bei andauernder wirtschaftlicher Not und Unterdrückung jeder demokratischen Willensbildung, was geschieht, wenn Visionen wahr werden. 30 Millionen Menschen, darunter 200 000 Geistliche, wurden brutal verfolgt und liquidiert. Maos Diktatur hat in China eine Blutspur von 30 bis 50 Millionen Toten hinterlassen. Adolf Hitler wollte ein Tausendjähriges Reich schaffen, aber bereits nach 12 Jahren lag Deutschland in Schutt und Asche und der von ihm angezettelte Weltkrieg forderte 50 Millionen Menschenleben.

Warum sind all diese Visionen so kläglich gescheitert? Weil die Ideologen von falschen Voraussetzungen ausgegangen sind! Das Paradies auf Erden wird errichtet sein – so glaubten die verschiedenen Visionäre –, wenn wir alle Menschen gleich gemacht haben (franz. Revolution), wenn es keine Klassenunterschiede mehr gibt (Kommunismus), wenn alle Juden beseitigt sind und die Welt von der arischen Rasse beherrscht wird (Nationalsozialismus). Zur Verwirklichung der Utopien wollte man den neuen Menschen schaffen, mit denen man die Phantastereien zu verwirklichen hoffte.

Die Bibel sagt uns, dass der Mensch seit dem Sündenfall ein gefallenes Wesen ist. Er hat sich von Gott abgekehrt und muss sich nicht wundern, wenn er im Finstern lebt. Gott ist Licht, und Jesus sagt: »Ich bin das Licht der Welt. Wer mir nachfolgt, der wird nicht wandeln in der Finsternis, sondern wird das Licht des Lebens haben« (Joh 8,12). Nur durch eine persönliche Hinkehr zu Christus können wir neu werden. Alle anderen Methoden, die den Menschen von Grund auf verbessern wollen, sind utopische Irrwege, sind bedauernswerte Sackgassen der Menschheit. Dieses erkennend lautet ein satirischer Text unter dem Marxdenkmal in Chemnitz entsprechend: »Tschuldigung Jungs, ich hab mich Halt geirrt.«

Frage: Sie haben einen zweiten großen Irrtum der Menschheit erwähnt und sprachen vom Weg zum Himmel. Was meinen Sie damit?

Gitt: Jesus sagt in Lukas 13,24 ein sehr ernstes Wort zu diesem Thema: »Ringet danach, dass ihr durch die enge Pforte eingehet; denn viele werden, das sage ich euch, danach trachten, wie sie hineinkommen, und werden's nicht können.« Diese Aussage macht uns deutlich, dass zwar viele in den Himmel hinein wollen, aber ein Großteil wird es dennoch nicht schaffen. Woran liegt das? Wenn ich nach Hamburg will, mich aber in einen Zug nach München setze, darf ich mich nicht wundern, wenn ich nicht am Ziel ankomme. Nach dem eindeutigen Zeugnis der Bibel fährt – um in diesem Bild zu bleiben – nur ein einziger Zug zum Himmel. Es ist jener mit der Aufschrift »Jesus«. Jesus sagte, dass er der einzige Weg zum Vater im Himmel ist (Joh 14,6). In Apostelgeschichte 4,12 wird dieser Gedanke noch einmal ganz deutlich hervorgehoben: »In keinem andern ist das Heil, ist auch kein anderer Name unter dem Himmel den Menschen gegeben, darin wir sollen selig werden.« Viele Religionen behaupten, auch den Weg zum Himmel zu weisen. Es können jedoch nicht mehrere gleichzeitig wahr sein, da sie untereinander sehr gegensätzlich und widersprüchlich sind, so dass sie sich gegenseitig aus dem Felde schlagen. Nur ein Weg kann daher der richtige sein. Nun gibt es zwei Möglichkeiten: entweder ist Jesus ein Lügner, denn er hat sich selbst als den einzigen Weg zum Himmel bezeichnet. Oder die Alternative gilt: Jesus hat uns die Wahrheit gesagt, dann aber sind alle anderen Religionen bedauerliche Irrwege. Jesus hat nicht nur gesagt, dass er die Wahrheit in Person ist, sondern er hat sie mit seinem ganzen Leben bezeugt. Er hatte gesagt, dass er am dritten Tag nach der Kreuzigung auferstehen werde (Mt 16,21). Er hat Wort gehalten. Er ist wirklich auferstanden (Joh 21,14) und hat sich vielen Zeugen als der Auferstandene gezeigt (1. Kor 15,6). Er ist darum für mich absolut vertrauenswürdig.

Mit unseren Sünden finden wir keinen Einlass in den Himmel. Im Gleichnis von der königlichen Hochzeit wird dies an jenem Mann veranschaulicht, der versuchte, ohne hochzeitliches Kleid [= Bild für die Vergebung aller Schuld] zum Fest zu gelangen (Mt 22,11-13). Was keine Religion vermag, erwirkte Jesus am Kreuz von Golgatha: Dem Sünder kann vergeben werden, darum fasste Jesus den Grund seines Kommens in die Worte: »Des Menschen Sohn ist gekommen, selig zu machen, was verloren ist« (Mt 18,11). Jeder, der diesen Herrn anruft und um Vergebung seiner Schuld bittet, wird augenblicklich gerettet (Röm 10,13). Wenn wir dann auf unserem Lebensschiff ihn als Kapitän haben, werden wir sicher das Ziel erreichen.

Literatur:

[1] Reinhard Breuer: Immer Ärger mit dem Urknall. Das kosmologische Standardmodell in der Krise. Rowohlt-Tb., 1993, 341 Seiten.

[2] Hans-Jörg Fahr: Der Urknall kommt zu Fall – Kosmologie im Umbruch. Franckh-Kosmos, 1992, 327 Seiten.

[3] Werner Gitt: Signale aus dem All – Wozu gibt es Sterne?, CLV-Verlag Bielefeld, 3. Auflage 1999, 222 Seiten.

[4] Werner Gitt: So steht's geschrieben. Hänssler-Verlag, 4. Auflage 1997, 200 Seiten.

[5] Werner Gitt: Schuf Gott durch Evolution? CLV-Verlag Bielefeld, 5. Auflage 1998, 159 Seiten.

[6] Josef Lutz et al.: Ratlos vor der gro-

ßen Mauer – das Scheitern der Urknall-Theorie. Neuer Weg Verlag, 1992

[7] Norbert Pailer: Geheimnisvolles Weltall – Hypothesen und Fakten zur Urknalltheorie, Hänssler-Verlag, 1994, 65 Seiten.

[8] James Trefil: Fünf Gründe, warum es die Welt nicht geben kann – Die Astrophysik der Dunklen Materie. Rowohlt-Tb., 1992, 249 Seiten.

[9] Steven Weinberg: Die ersten drei Minuten – Der Ursprung des Universums. dtv-Tb., München 1980, 201 Seiten.

Weitere Bücher des Autors:

W. Gitt

Schuf Gott durch Evolution?

*sFr/DM 4.80, öS 36, Tb., 144 Seiten,
Best.-Nr. 255.124*

Nach der Vorstellung der theistischen Evolution hat Gott den Evolutionsvorgang angestoßen und dann diesen Prozess gelenkt. Dieser Gedanke hat bei Nichtchristen, aber auch bei Christen an Einfluss gewonnen. Sachlich und gut belegt stellt der Autor die beiden Standpunkte von Evolution und Schöpfung gegenüber und beleuchtet das Problem unter Berücksichtigung der Wissenschaftsfrage, der Anthropologie, der Astronomie, der Biologie und der Informatik. Als Konsequenz wird die Unvereinbarkeit von Evolution und Schöpfung deutlich und die in dem Gedankengut der theistischen Evolution liegenden Gefahren werden aufgezeigt.

W. Gitt

Fragen – die immer wieder gestellt werden

sFr/DM 3.80, öS 28, Tb., 192 Seiten, Best.-Nr. 255.127

Dieser »Bestseller« unter den evangelistischen Büchern ist als 15. Auflage in einer leicht überarbeiteten, ergänzten und verbesserten Fassung erschienen. Prof. Dr. W. Gitt gibt Antworten auf Fragen, die nicht »am grünen Tisch« entworfen wurden, sondern bei der Evangelisationspraxis aus Gesprächen mit fragenden Menschen erwachsen sind. Von daher handelt es sich nicht um theologische Spitzfindigkeiten, sondern um Probleme, die Zweifler, Fragende und Suchende wirklich bewegen. Folgende Themen werden behandelt: Gott – Bibel – Schöpfung, Wissenschaft und Glaube – das Heil – die Religionen – Leben und Glaube – Tod und Ewigkeit. Ein hilfreiches Buch für Gespräche mit Christen und Außenstehenden.

W. Gitt/K. H. Vanhaiden

Wenn Tiere reden könnten

sFr/DM 3.80, öS 28, Tb., 128 Seiten, Best.-Nr. 255.133

Den beiden Autoren ist in diesem Buch hervorragend gelungen, eine Menge Informationen zum Thema Schöpfung/Evolution auf äußerst interessante, unterhaltsame Weise zu vermitteln. Spatz, Blauwal, Regenwurm, Schnabeltier, Libelle, Goldregenpfeiffer und eine Darmbakterie »erzählen«, wie wunderbar Gott sie geschaffen und mit welch erstaunlichen Fähigkeiten ausgestattet hat. Mit feinem Humor und etwas Ironie gehen sie hier und da auf evolutionistische Theorien ein, konzentrieren sich aber ansonsten auf die Verdeutlichung von Gottes Weisheit und Größe als Schöpfer und Erlöser. Ein Buch, das Alt und Jung, Christen wie Nichtchristen, Fachleute und Laien mit Gewinn lesen werden.

W. Gitt

Zeit und Ewigkeit

sFr/DM 3.80, öS 28, Tb., 160 Seiten, Best.-Nr. 255.420

Was ist eigentlich Zeit? Die Wissenschaft konnte diese Frage bisher noch nicht befriedigend beantworten.

Im ersten Teil des Buches wird die Zeit als physikalische Größe betrachtet. Im zweiten Teil wird ein neuartiges, bisher unbekanntes Konzept zum Thema Zeit vorgestellt. Als Informatiker kommt der Autor zu einer überraschenden Lösung. Bemerkenswert ist, dass sein neu erarbeitetes Verständnis von Zeit (Teil 2) mit den zahlreichen biblischen Aussagen im Einklang steht.

Im dritten Teil des Buches geht es um die Ewigkeit. Jenseits der Todesmarke gibt es keine Zeit mehr. Die Zeit zerbricht an der Ewigkeit. Die Darlegungen regen zum Mitdenken an und führen in eine Wirklichkeit, die wir nur unter biblischer Anleitung begreifen können.

W. Gitt

Signale aus dem All

Wozu gibt es Sterne?

sFr/DM 4.80, öS 36, Tb., 224 Seiten, Best.-Nr. 255.705

Ein faszinierendes Buch! Der Autor bietet erstaunliche Daten und Fakten über Vielzahl, Größe, Entfernung und Aufgaben der Sterne und vermittelt so einen tiefen Eindruck von der Größe und Weisheit unseres Schöpfers. Ferner werden Fragen nach der Herkunft des Universums und nach dem Stern von Bethlehem behandelt und schließlich das Wunder der Gnade Gottes gezeigt, dass der Schöpfer Mensch wird und sich von seinen Geschöpfen kreuzigen lässt. Ein Anhang klärt fachspezifische Fragen über Astronomie. Ein ideales Buch zur Weitergabe an Außenstehende, weil es interessante Fakten vermittelt und zugleich unaufdringlich, aber eindrücklich das Evangelium verdeutlicht.